DE LA

MATIÈRE ORGANIQUE

DES

EAUX MINÉRALES DE VICHY,

SA NATURE,
SON EXISTENCE A L'ÉTAT DE VÉGÉTATION ET A L'ÉTAT LATENT
DANS CES EAUX;
SA VOLATILITÉ ET SA PRÉSENCE DANS LEURS VAPEURS;
IMPORTANCE PRÉSUMÉE DE SON RÔLE;

PAR

Le Dʳ Cʜ. PETIT,

Médecin-inspecteur des eaux de Vichy.

———————◦———————

A PARIS,

CHEZ J.-B. BAILLIÈRE,

LIBRAIRE. DE L'ACADÉMIE IMPÉRIALE DE MÉDECINE,
RUE HAUTEFEUILLE, 19.

1855.

Paris. — Imprimerie de L. MARTINET, rue Mignon, 2.

DE LA

MATIÈRE ORGANIQUE

DES

EAUX MINÉRALES DE VICHY.

Toutes les eaux contiennent une matière organique, l'eau douce comme l'eau salée de la mer, et
les différentes eaux minérales, et toutes, lorsqu'elles
ont été exposées pendant un certain temps à l'air et à
la lumière, et qu'elles ont subi ainsi l'influence de ces
deux principes de vie, donnent naissance à une matière végétative verte, dont l'espèce varie seulement
suivant la nature de l'eau où elle se développe.

Il serait sans doute intéressant d'étudier cette matière dans les différents milieux où on l'observe ; mais
ce serait là une entreprise bien longue et surtout trop
difficile pour moi, et j'ai cru devoir ne m'occuper ici
que de celle que l'on trouve dans les eaux de Vichy.

Les eaux de toutes les sources de cet établissement
thermal sont parfaitement limpides et incolores lorsqu'elles sortent de terre ; mais, si elles restent expo-

sées à l'air et à la lumière, on voit s'y produire, après vingt-quatre ou trente-six heures, surtout lorsqu'elles sont contenues dans un bassin un peu large, une certaine quantité de filaments très minces et légèrement nuancés de vert, qui bientôt se réunissent pour former des pellicules, puis de véritables flocons d'un vert olivâtre, qui flottent à la surface de l'eau ou s'attachent aux parois des bassins. C'est ce que l'on remarque surtout sur le bassin de la source de l'Hôpital, et ce qui se voyait bien davantage autrefois, lorsque ce bassin était complétement exposé à l'air et au soleil, c'est-à-dire avant la construction de la coupole de fer dont il est maintenant couvert, et qui le garantit, en grande partie du moins, de l'action directe de la lumière.

Ces flocons de matière verte ne restent pas très longtemps à la surface de l'eau : ils finissent, au bout de quelques jours, par tomber au fond du bassin, soit par suite de quelque modification survenue dans leur organisation, soit parce que leur poids s'est augmenté de quelques éléments minéralisateurs, tels que le carbonate de chaux, et un peu de fer et de silice, qui, devenus libres et insolubles à mesure que l'eau minérale perd de l'acide carbonique, dont elle était saturée avant d'arriver au jour, se déposent sur eux et les entraînent.

Toutes les sources de Vichy ne sont pas également disposées de manière à favoriser le dévelop-

pement de cette matière verte; mais on sait, par
ce que l'on observe dans d'autres établissements,
qu'une certaine élévation de la température de l'eau
minérale favorise singulièrement ce développement,
et si, par exemple, la source de la Grande-Grille,
dont la température est plus élevée que celle de la
source de l'Hôpital, ne nous en offre que la petite
quantité qui colore en vert les parois de son bassin,
cela tient à ce qu'elle est placée sous une galerie qui
la couvre et la garantit en grande partie de l'action
de la lumière, et aussi sans doute à ce que son bassin étant moins grand que celui de la source de
l'Hôpital, et son débit beaucoup plus considérable que
celui de cette dernière source, son eau reste moins
longtemps exposée à l'air et à l'action de la lumière.

La production de cette matière n'avait pas échappé
à Longchamp, lorsqu'il fut chargé, en 1824, de l'analyse des eaux de Vichy; pourtant, ce chimiste ne
paraît pas en avoir fait un examen sérieux, du moins
je n'ai trouvé dans son ouvrage (1) aucun fait particulier à ce sujet; il se borne à la désigner, sans
en donner la raison, sous le nom de matière *végéto-
animale*. Il ajoute seulement qu'il a trouvé une matière semblable dans toutes les eaux thermales qu'il
avait examinées jusque-là, lorsque leurs réservoirs
étaient exposés au contact de l'air.

(1) *Analyse des eaux minérales et thermales de Vichy.* Paris,
1825.

Mais sa composition chimique a été étudiée par Vauquelin avec tout le soin que ce célèbre chimiste apportait toujours à ses travaux ; et ses recherches, sous ce point de vue, ont été l'objet d'un mémoire qu'il lut à l'Académie des sciences le 22 novembre 1824, et qui a été publié dans les *Annales de chimie et de physique* (1825, t. XXVIII).

Cette matière, sur laquelle il fit ses recherches, lui avait été remise par M. d'Arcet, qui l'avait recueillie lui-même à la fontaine de l'Hôpital. Elle était renfermée dans une bouteille de verre, avec une certaine quantité d'eau minérale, et Vauquelin fut d'abord frappé d'un phénomène d'optique assez curieux qui s'observait dans la partie liquide qui recouvrait la matière verte. Cette partie liquide offrait une couleur verte par réfraction et rouge pourpre par réflexion, phénomène qui lui a paru ensuite pouvoir être expliqué par la présence d'une matière bleue et d'une matière jaune qui se décelèrent pendant ses recherches, par suite de certaines réactions.

J'ai souvent observé, depuis, le même phénomène ; mais il est peut-être bon de dire, pour ceux qui voudraient répéter l'expérience, qu'il ne suffit pas de mettre de cette matière verte dans un flacon avec un peu d'eau minérale pour qu'il se produise. J'ai remarqué qu'il ne se manifeste que lorsqu'il s'est établi un certain degré de fermentation dans la matière verte ; aussi est-il probable que c'est dans cet état que Vauquelin avait reçu le flacon qui lui fut remis par M. d'Arcet.

Il résulte, d'ailleurs, de l'analyse de Vauquelin, que cette matière serait composée de trois variétés de substances : l'une bleue, qui est coagulée par la chaleur, les acides, etc. ; l'autre jaune, se dissolvant dans l'eau bouillante, précipitant par l'alcool et l'infusion de noix de galle ; la troisième, qui se distingue en ce qu'elle n'est précipitée, ni par la chaleur, ni par les acides, ni même par l'alcool, mais qu'elle l'est par le principe astringent. Il est vraisemblable, ajoute-t-il, que ces trois substances ne sont que des états différents de la même matière originelle, et, comme cette matière lui a paru très azotée, il l'a considérée, suivant la manière de voir de cette époque, comme une *matière animale* mélangée seulement d'une certaine quantité d'alumine, d'oxyde de fer et de carbonate de chaux dans les proportions suivantes : alumine, 1 centigramme ; oxyde de fer, 31 ; carbonate de chaux, 128 ; éléments qui, comme je l'ai fait remarquer plus haut, deviennent insolubles et se séparent de l'eau minérale lorsque, arrivant au contact de l'air, une partie de son acide carbonique se dégage.

« C'est assurément, dit ensuite Vauquelin, une sin-
» gulière matière que celle dont nous nous occupons :
» par sa couleur, elle a de l'analogie avec certaines
» substances végétales, et par sa nature elle res-

» semble entièrement aux matières animales. » Il trouve d'ailleurs que la substance dont la matière verte se rapproche le plus est l'albumine.

A cela se sont bornées, jusqu'à présent, les recherches dont cette matière verte a été l'objet.

J'ajouterai pourtant que l'ayant examinée au microscope, à la source même, il y a dix-huit ans, avec le docteur Fontan, nous y avons remarqué très distinctement des mouvements spontanés, ondulatoires, reptiformes, plus ou moins allongés et suivis de rétraction, qui nous firent croire que la matière que nous avions sous les yeux était composée d'oscillaires ; mais nous manquions peut-être, je l'avoue du moins pour mon compte, de connaissances spéciales suffisantes pour l'affirmer. Aussi ai-je toujours désiré, depuis, faire étudier cette matière verte par un micrographe plus habile et plus exercé que moi, afin de pouvoir être mieux fixé sur les espèces végétales ou d'animalcules qui se développent dans les eaux de Vichy, lorsqu'elles restent exposées au soleil.

N'ayant pas trouvé, comme je le désirais, l'occasion de faire examiner cette matière à la source même, au moment où l'on vient de la retirer du bassin, j'en ai recueilli avec soin, et je l'ai remise aussi fraîche que possible à un de nos jeunes naturalistes les plus distingués, M. Jules Haime, qui n'a pas seulement une très grande habitude de se servir du microscope, mais qui a fait une étude particulière des animalcules

infusoires, et, en général, des êtres microscopiques,
et dont l'obligeance m'était parfaitement connue.

M. Haime a étudié cette matière avec un très
grand soin, et, pour lui, sa coloration verte est due
à la présence d'une algue qui appartient au genre
Ulothrix de M. Kützing, mais qui constitue une espèce différente de toutes celles qu'a décrites ce savant
phycologue allemand. Elle lui paraît intermédiaire
entre l'*Ulothrix oscillarina* (1), qui habite les eaux
douces, et l'*Ulothrix implexa* (2), qui est marine. Les
filaments simples et très réguliers dont elle est for-
mée sont d'abord très courts, et deviennent souvent
extrêmement longs ; mais leur diamètre ne dépasse
jamais les trois quarts d'un centième de millimètre.
La figure d'autre part (A) nous montre, avec un grossissement de 520 diamètres, les divers caractères de
cette nouvelle espèce que M. Haime propose d'appe-
ler *Ulothrix vichyensis*.

Une diatomée se trouvait associée à l'algue précé-
dente. C'est une navicule voisine de la *Navicula
gracilis* d'Ehrenberg (3), et de la *Navicula limosa* de
Kützing (4), mais que M. Haime croit distincte, spé-
cifiquement, de celles qu'ont observées ces auteurs,

(1) Friedrich Kützing, *Tabulæ phycologicæ*, tome II, planche 88,
fig. 1, 1852.

(2) *Ibid.*, planche 94, fig. 2.

(3) *Infusions Thierchen*, planche 13, fig. 2, 1838.

(4) *Die Kieselshaligen bacillarien oder diatomeen*, planche 3,
fig. 5, 1844.

et à laquelle on pourrait, par conséquent, donner le nom de *Navicula vichyensis*. Sa largeur est un peu moindre que celle de l'ulothrix dont nous venons de parler, et elle a près de 3 centièmes de millimètre en longueur. Les trois dessins (B) qui représentent cette espèce correspondent à trois états différents de la matière intérieure.

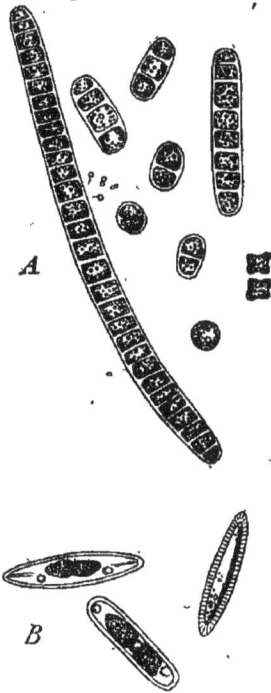

Ce sont là les seuls végétaux que le microscope ait décelés dans les eaux de Vichy, et nous ne devons pas nous étonner de les trouver distincts, comme espèces, de ceux des mêmes genres qu'on a observés jusqu'à présent, soit dans la mer, soit dans les eaux douces, puisqu'ils habitent un milieu différent et vivent dans des conditions spéciales.

On rencontre cependant parmi eux les hôtes ordinaires de toutes les eaux où séjournent des substances organiques ; ce sont ces corps problématiques, appelés *bacterium* et *vibrions*, qu'on a rangés jusqu'à ce jour parmi les animaux, en raison des mouvements dont ils sont doués, mais dans lesquels il a toujours été impossible de discerner ni ouvertures, ni globules, ni stries, ni filaments, en un mot, aucune trace de tissus ni d'organes. Les deux espèces qui se montrent parmi les végétaux qui se développent dans les eaux de Vichy sont : 1° le *Bacterium termo* de Dujardin (1), qui abonde, non-seulement dans toutes les infusions végétales ou animales, mais aussi dans quelques produits morbides, et que Leeuwenhoek a observé jusque dans la matière pulpeuse qui s'amasse entre les dents ; 2° le *Vibrio lineola* d'Othon-Frédéric Müller (2), qui d'ordinaire apparaît un peu plus tard que le précédent, et dont la présence est moins générale, bien qu'il soit encore extrêmement commun.

A l'exception de ces deux sortes de corpuscules d'une excessive petitesse, dont la nature animale est loin d'être démontrée, M. Haime n'a rencontré dans

(1) *Histoire naturelle des infusoires*, page 212, planche 1, fig. 1, 1841.

(2) *Animalcula infusoria fluviatilia et marina*, page 43, planche 6, fig. 1, 1786.

l'eau de Vichy aucun être ayant les caractères de l'animalité, vivant ou mort. Cette eau, renfermée dans un flacon avec la matière verte, ne contenait ni *paramécies*, ni *plesconies*, ni *vorticelles*, ni *monades* même.

M. Haime a laissé ouvert et exposé à l'air libre, pendant plusieurs mois, un flacon plein de cette eau : elle s'est altérée et est devenue fétide ; la matière verte qu'elle renfermait s'est décomposée après avoir revêtu successivement diverses nuances *bleues*, *jaunâtres* et *purpurines* ; mais pas un seul *infusoire* ne s'y est développé. Si donc on considère que constamment, dans les infusions ordinaires, il se montre au bout d'un certain temps quelques-uns des êtres microscopiques dont je viens de rappeler les noms, on doit croire que la nature chimique des sels dissous dans l'eau de Vichy s'oppose à ce développement.

J'ajouterai, ce qui vient confirmer l'exactitude de ces recherches, qu'ayant remis de cette matière verte des eaux de Vichy à M. Decaisne, qui m'avait manifesté le désir de l'examiner, ce savant naturaliste, un des juges les plus compétents en pareille matière, l'a trouvée composée des mêmes éléments que M. Haime.

Ainsi, la matière verte qui se développe dans les eaux de Vichy, lorsqu'elles restent pendant un certain temps exposées à l'air et à la lumière, cette matière que Longchamp a appelée végéto-animale, et que Vauquelin, par la seule raison qu'elle était azotée, et bien qu'il lui trouvât de l'analogie avec certaines substances végétales, a cru devoir ranger parmi les substances animales ; cette matière, dis-je, examinée au microscope, avec un grossissement de 520 diamètres et étudiée avec soin, est constituée par deux algues appartenant à des tribus différentes, et qui n'avaient été décrites jusqu'à présent par aucun phycologue. On remarque seulement parmi ces algues, outre les éléments minéralisateurs, devenus insolubles, dont j'ai déjà parlé, des corpuscules d'une extrême petitesse et de nature encore problématique, appelés *bacterium* et *vibrions*, que l'on a rangés jusqu'à présent parmi les animaux, en raison des mouvements dont ils sont doués, mais dont la nature animale, comme nous venons de le voir, paraît loin d'être démontrée aux yeux des naturalistes de nos jours.

Il résulte aussi de l'étude faite par M. Haime de cette matière verte, que les algues qu'il y a reconnues, et qui la constituent, ne lui ont pas présenté les mouvements spontanés qui nous avaient frappés, le docteur Fontan et moi, lorsque nous les avons examinées à la source, et que ceux qu'il y a remarqués ne sont dus qu'à la présence de corpuscules appelés *bacterium* et *vibrions*, dont nous avons parlé.

M. Decaisne ne leur a pas trouvé non plus de mou-

vements spontanés ; mais il est très porté à croire que
seulement elles les ont perdus par le transport, et
que, comme les oscillaires, avec lesquels on peut
d'ailleurs très facilement les confondre, tant la
différence est légère, ces algues, examinées à la
source même, doivent en présenter. Dans tous les cas,
la constatation de ce fait n'aurait pas une grande
importance, du moins au point de vue de l'étude dont
je m'occupe ici ; car il est bien reconnu aujourd'hui
que les mouvements spontanés n'appartiennent pas
exclusivement aux êtres du règne animal, et, par
conséquent, que les algues qui ont été reconnues dans
les eaux de Vichy aient ou non des mouvements spontanés, elles n'en seront pas moins, pour tous les naturalistes, des productions végétales.

Mais une question se présente naturellement ici.
D'où proviennent les germes qui donnent naissance à
ces algues, ainsi qu'à ces petits corps encore problématiques, appelés *bacterium* et *vibrions ?* Viennent-
ils du sein de la terre, et, par conséquent, existent-
ils dans l'eau minérale avant son arrivée au jour? ou
bien viennent-ils de l'atmosphère et sont-ils seulement déposés dans cette eau après son contact avec
l'air extérieur?

On sait que les algues, comme toutes les plantes
agames, peuvent se reproduire soit par gemmes, soit
par sporules ou séminules, soit même par une simple
fragmentation ou déduplication dont les limites

échappent à nos moyens d'observation ; et lorsque des germes peuvent être réduits à des éléments aussi simples, aussi ténus et aussi légers, il est parfaitement reconnu que l'atmosphère peut s'en charger, les tenir en suspension, et que le vent peut les transporter à des distances très éloignées. Il est donc probable que leur développement ne dépend plus alors que du milieu dans lequel l'air les dépose, que si ce milieu ne convient pas à un germe, il y reste sans végéter, et que, dans le cas contraire, il se développe et donne naissance à un nouvel être entièrement semblable à celui duquel il s'est détaché.

Pour se faire une idée de la quantité de corpuscules organiques que l'air tient en suspension, et qu'il peut, par conséquent, déposer en les disséminant sur toute la surface de la terre, il suffit de se placer dans une chambre obscure dans laquelle on ne laisse arriver les rayons du soleil que par un point. Si l'on se met alors de côté et que l'on regarde avec attention la partie de l'atmosphère qui est traversée par les rayons du soleil, on est étonné du nombre de corpuscules que l'on y voit voltiger, et si l'on en aperçoit autant à la simple vue, on peut s'imaginer la quantité prodigieuse que l'on pourrait en voir sous un verre grossissant.

Sans doute, tous les corpuscules que l'on voit ainsi ne sont pas des germes de végétation ou des animalcules, il s'y trouve certainement aussi une très grande

quantité de débris légers de matières organiques
mortes ; mais on ne peut douter que ce ne soit par ce
moyen que se disséminent une multitude de germes.
Les algues dont nous nous occupons se reproduisent
d'ailleurs avec une telle rapidité, par leurs propres
débris, qu'il suffit qu'un seul germe prenne naissance
dans un bassin pour que, dans le cas même où l'atmosphère n'en déposerait pas d'autres, l'espèce s'y mul-
tiplie à l'infini.

Mais il peut en venir aussi, certainement, du sein
de la terre. On ne peut douter, par exemple, que
les sources d'eaux minérales ne soient alimentées par
les eaux de la surface du globe qui, s'infiltrant par
une multitude de fissures jusque dans les profondeurs
de la terre, y acquièrent une température plus ou
moins élevée en même temps qu'elles s'y saturent de
divers principes minéralisateurs. Or, il est difficile
de ne pas admettre que les corpuscules reproduc-
teurs des plantes agames, ces détritus pulvérulents
que je viens de montrer comme pouvant être déposés
par l'air sur les sources où nous voyons ces plantes se
développer, peuvent aussi être entraînés dans le sein
de la terre par les eaux de la surface, et nous revenir
au jour avec ces mêmes eaux devenues minérales et thermales ; et je me demande si ces germes ne
peuvent pas conserver encore alors la faculté de se
reproduire.

La chaleur plus ou moins élevée à laquelle l'eau

des sources minérales se trouve soumise dans les profondeurs de la terre serait sans doute le principal agent qui pourrait détruire dans les germes la faculté de végéter ; mais, d'abord, sait-on bien quel est le degré de température nécessaire pour produire ce résultat, et d'ailleurs les germes de toutes les plantes peuvent-ils être détruits par le même degré de chaleur ?

Si l'on s'en rapporte à quelques faits, il semblerait que les germes de certaines plantes agames ont la faculté de supporter une température très élevée sans perdre leur propriété germinative. Quelques auteurs assurent, par exemple, que la température de l'eau bouillante ne détruit pas celle des spores de champignons, et qu'il suffit d'arroser la terre d'un bosquet de chênes avec de l'eau dans laquelle on a fait bouillir de ces plantes pour les reproduire. C'est par ce moyen, suivant Thore, que l'on propage l'agaric Palomet dans le département des Landes (*Dictionnaire universel d'histoire naturelle*, art. MYCOLOGIE, par le docteur Léveillé, 1846).

M. Payen, de son côté, a constaté que les sporules rougeâtres capables de reproduire les champignons microscopiques désignés sous le nom de *Oïdium aurantiacum*, ou champignons rouges du pain, peuvent supporter une température de 100 à 120 degrés sans perdre leur faculté végétative, tandis que cette faculté cesse lorsque la température s'élève jusqu'à

2

140 degrés (*Comptes rendus des séances de l'Académie des sciences*, 1852).

N'ayant pas fait moi-même d'expériences sur la chaleur que les spores de champignons peuvent supporter, je n'oserais pas contester l'assertion que je viens de rappeler, qu'elles peuvent conserver encore la faculté de végéter après avoir été soumises à l'action de l'eau bouillante ; je dirai seulement qu'après avoir examiné, comme je l'ai fait et comme je le dirai plus loin, dans quel état se trouve la matière organique de l'eau distillée provenant des vapeurs condensées, après ébullition, de l'eau de Vichy naturelle, il m'est venu quelques doutes à ce sujet.

Tout, du moins, me porte à croire qu'il n'en est pas ainsi pour les germes des algues qui se développent dans les eaux de Vichy.

Quant au fait cité par M. Payen, concernant les sporules rougeâtres qui produisent les champignons rouges du pain, je ferai remarquer que ces sporules étaient renfermées dans le pain, par conséquent dans des conditions différentes, lorsqu'on a été obligé d'élever la température jusqu'à 140 degrés pour les détruire, et il reste à savoir si elles n'auraient pas perdu dans de l'eau bouillante leur faculté germinative.

Quoi qu'il en soit, la chaleur des sources de Vichy n'étant pas très élevée, puisque la plus chaude n'a pas plus de 46 degrés, il est difficile de ne pas ad-

mettre, qu'elles peuvent nous ramener du sein de la
terre des germes ayant encore la faculté de végéter
et de se reproduire.

Dans tous les cas, que ces germes proviennent de
l'atmosphère ou qu'ils soient rapportés du sein de la
terre par les eaux minérales elles-mêmes, il faut bien
en admettre l'existence, à moins de renoncer à cet
axiome formulé par Harvey : *Omne vivum ex ovo*, et
adopté aujourd'hui par les naturalistes les plus émi-
nents, pour revenir à la croyance des générations
spontanées. Mais est-il possible d'en constater toujours
la présence dans ces eaux, et d'en suivre le développement ?

J'ai déjà dit que les eaux de Vichy sont parfaitement limpides lorsqu'elles sortent de terre, et que
ce n'est que lorsqu'elles ont été exposées à l'air et à
la lumière pendant un temps plus ou moins long,
suivant qu'elles reçoivent ou non les rayons directs
du soleil, que la matière organique s'y décèle à nos
yeux par l'apparition de quelques filaments qui nous
montrent le commencement de l'organisation de la
matière verte.

Il est impossible, en effet, jusqu'à cette première
manifestation végétative, d'y distinguer des germes,
du moins à la simple vue.

Il m'a donc fallu songer à recourir au microscope
pour tâcher de découvrir ces germes ; mais il s'agissait
d'abord de savoir sous quelle forme ils pouvaient

exister dans l'eau, à quels caractères il était possible de les reconnaître.

J'ai eu beau examiner l'eau minérale de nos différentes sources, je n'ai pu y distinguer autre chose, à l'aide même d'un très fort grossissement, que des globules d'une matière organique vivante, c'est-à-dire ayant une forme bombée, régulière, parfaitement intacte, réunissant enfin les caractères auxquels on peut reconnaître que ces globules sont doués de la vie. On aperçoit bien dans ces eaux quelques autres corpuscules, mais qui ne sont évidemment que des parcelles de matières organiques mortes, sans doute entraînées dans le sein de la terre par les eaux de la surface.

Je me suis demandé alors si les corpuscules organiques qui constituent les germes de la matière verte des eaux ne sont pas de nature à pouvoir, en s'hydratant, prendre la forme globuleuse de la matière organique vivante, se confondre alors avec la matière organique latente et peut-être même la constituer, de telle sorte que ce soit dans les globules de cette dernière matière que la matière verte trouve son principe de vie pour se développer, et se colorer ensuite sous l'influence des rayons du soleil.

Comme les germes des végétations qui se produisent dans les bassins doivent provenir en plus grande quantité, sans aucun doute, de l'atmosphère que du sein de la terre, j'ai pensé que si, dans un examen comparatif de deux flacons d'eau remplis à la même source, l'un avec de l'eau prise à son point d'immergence, avant qu'elle ait été en contact avec l'air, et l'autre avec de l'eau puisée à la surface du bassin, on trouvait une quantité notablement plus grande de globules organiques dans l'eau de la surface du bassin que dans celle prise au point d'émergence de la source, ce serait déjà une présomption que les globules de la matière organique latente sont eux-mêmes les germes qui servent au développement de la matière verte.

J'ai donc fait puiser ainsi, et avec le plus grand soin, de l'eau des sources de la *Grande-Grille*, de l'*Hôpital* et des *Célestins*, et nous avons examiné, M. Haime et moi, ces différentes eaux, à l'aide du microscope.

Dans toutes celles qui ont été puisées à la surface des bassins, nous avons trouvé, ainsi que je l'avais présumé, les globules organiques plus nombreux et ayant un plus gros volume que dans celles des mêmes sources prises à leur émergence. Dans l'eau puisée dans la première condition, et surtout dans celle provenant de la source de l'Hôpital, dont le bassin est le plus exposé à la lumière, les globules étaient non-seulement plus volumineux, mais déjà ils revêtaient une nuance légèrement verdâtre. Dans l'eau de la source des Célestins, qui est couverte, et qui se trouve au-dessous du niveau du sol, par conséquent presque complétement garantie de l'action de la lumière, et jusqu'à un certain point de l'influence de l'air, les globules étaient plus rares que dans les eaux des deux autres sources, et nous n'y avons trouvé, sous le rapport du nombre proportionnel de ces globules, qu'une très petite différence entre l'eau prise à la surface et celle puisée à son émergence.

- Je ne veux tirer encore aucune conclusion de ces premières remarques ; cependant le nombre moins grand des globules dans l'eau puisée à l'émergence des sources que dans celle prise à la surface des bassins, leur volume plus petit dans la première condition que dans la seconde, et la coloration de plus en plus verdâtre que ces globules paraissent acquérir, lorsqu'on les examine plus près de la surface des bassins, là où ils reçoivent l'influence des rayons du soleil, ne semblent-ils pas déjà autant d'indications que la matière verte pourrait bien naître des globules de la matière organique latente.

Cette matière organique latente, que nous ne parvenons à apercevoir qu'à l'aide du microscope, et seulement sous la forme de globules plus ou moins gros, est très volatile, ainsi qu'on peut en juger par les expériences suivantes.

: J'ai voulu savoir ce que les vapeurs qui se dégagent des eaux de Vichy entraînent avec elles, et, par conséquent, ce que l'on ferait respirer aux malades dans le cas où l'on établirait, auprès de ces sources, des salles d'inhalation.

Déjà, je savais que toutes les sources de Vichy donnent à l'odorat une impression plus ou moins sensible d'acide sulfhydrique , mais toujours très éphémère.

J'étais sûr aussi qu'en examinant les vapeurs produites par les eaux de ces sources, j'y trouverais de l'acide carbonique qui, s'en dégageant sans cesse, devait nécessairement se dissoudre dans leurs vapeurs, et s'y condenser en partie avec elles; mais il me restait à savoir si ces vapeurs entraînent avec elles quelques-uns des autres principes que ces eaux contiennent.

Pour m'éclairer sur cette question, j'ai pensé qu'il était nécessaire que des recherches chimiques fussent faites, non-seulement sur des vapeurs produites par la distillation de l'eau minérale , mais aussi sur celles qui se dégagent naturellement des sources. J'ai donc fait recueillir avec le plus grand soin , à l'aide d'un appareil convenable, de la vapeur dégagée naturellement de la source de la *Grande-Grille*, dont la température est de 42 degrés centigrades, et je me suis procuré ainsi , par la condensation de cette vapeur, un demi-litre environ d'un liquide parfaitement limpide.

J'ai fait en même temps distiller à 100 degrés, dans une cornue de verre, très bien lavée et parfaitement séchée , de l'eau minérale des sources de la *Grande-Grille* et de l'*Hôpital*, et j'ai réuni ainsi, en produit distillé, trois litres de chacune de ces deux sources.

J'ai alors prié M. O. Henry de vouloir bien faire l'analyse de ces produits, et y chercher ce qui aurait pu être entraîné avec la vapeur. Cet habile chimiste, qui a une si grande habitude de l'analyse des eaux minérales, a bien voulu se charger de cette recherche, et il s'en est occupé avec le plus grand soin et un véritable intérêt.

Voici les résultats qu'il a obtenus :

Le premier liquide, celui provenant des vapeurs dégagées naturellement de la source de la Grande-Grille, a été évaporé dans une capsule de verre, à une douce chaleur; il a perdu assez vite le caractère d'acidité qu'il présentait d'abord au papier bleu de tournesol, et qui provenait de l'acide carbonique que l'eau tenait en dissolution. Bientôt il s'y est formé des flocons blancs, légers, de nature organique. Ces flocons sont devenus plus abondants en continuant l'évaporation, et ont pris une coloration tantôt bleuâtre, tantôt rosée; enfin, il est resté, avec un peu de liquide, un précipité organique assez abondant. Ce dépôt, lavé et calciné ensuite avec de la potasse de la pureté de laquelle M. Henry s'était assuré, a fourni des traces non douteuses d'iode.

Les liqueurs provenant de la distillation de l'eau des sources de la Grande-Grille et de l'Hôpital étaient aussi parfaitement limpides. Acidules au tournesol, elles ont perdu par la chaleur cet état acide, dû à l'acide carbonique, et bientôt elles se sont progressivement troublées, comme dans le premier essai, par des flocons blancs, légers. L'évaporation ayant été continuée, on a obtenu, comme dans le cas précédent, des flocons plus abondants, rougeâtres ou vert bleuâtre, et enfin il est resté une petite quantité de liquide, qui a été filtré, et dans lequel le chlorure palladique a indiqué de l'iode. Le dépôt lavé et calciné avec de la potasse pure (tout à fait exempte d'iode), a montré, comme dans le premier cas, la présence du principe iodique. L'eau a donné, de plus, des indices de carbonate d'ammoniaque.

Dans d'autres essais que j'ai désiré faire depuis, dans le but surtout de m'assurer si, comme je l'avais constaté, à l'aide du microscope, relativement aux globules existant dans l'eau minérale naturelle, l'eau distillée provenant des vapeurs condensées de cette même eau contient plus ou moins de matière organique, suivant que l'eau minérale naturelle a été puisée à la surface des bassins ou au point d'émergence des sources, j'ai pu me convaincre que, en effet, on arrivait ainsi aux mêmes résultats qui ressortaient déjà de l'étude des globules, c'est-à-dire que l'eau minérale puisée à la surface des bassins contient plus de matière organique latente que celle prise aux points d'émergence des sources.

M. Henry a profité de ces nouveaux essais pour

rechercher lui-même d'une manière plus particulière qu'il ne l'avait fait, lors de notre première étude des vapeurs des eaux de Vichy, si ces vapeurs n'entraî-nent pas aussi avec elles quelques autres principes salins des eaux. Après avoir fait évaporer à une douce chaleur l'eau distillée provenant de la condensation des vapeurs de ces eaux, il a réuni une certaine quan-tité du résidu floconneux qui se forme dans ce cas, et, après s'être assuré que ce résidu avait une alcalinité très notable, il l'a carbonisé, et cette carbonisation lui a paru laisser de la silice et un peu de carbonate alcalin.

Désirant, pour plus de certitude, s'éclairer sur ce point du secours du microscope, M. Henry a réuni d'autres flocons de cette même matière, et, après l'avoir soumise à une évaporation à siccité, il m'en a remis le résidu que nous avons examiné, M. Haime et moi, et dans lequel nous avons constaté, comme le résultat de la carbonisation faite par M. Henry le faisait d'ailleurs présumer, indépendamment des fibrilles desséchées de la matière organique, la pré-sence de quelques petits cristaux de carbonate de soude, au milieu d'une autre cristallisation confuse, mal déterminée, constituée néanmoins par le même sel, seulement, peut-être, alors mélangé à une petite quantité d'autres sels alcalins et de silice.

Pour rendre cette démonstration plus complète encore, M. Henry a ensuite ajouté un peu d'acide sulfurique à ce résidu, et il s'y est formé, au bout de quelques jours, des cristaux bien manifestement de sulfate de soude.

Enfin, nous avons examiné au microscope, avec toute l'attention possible, dans quel état se trouve la matière organique dans l'eau distillée provenant des vapeurs condensées des eaux de Vichy, et nous n'y avons plus trouvé que de la matière morte, c'est-à-dire des fibrilles n'ayant plus que l'aspect de squelettes de végétation, et des globules alors plus ou moins dé-formés, aplatis, comme déchirés dans quelques points, ayant plutôt l'apparence de cellules vides que de véritables globules, ne présentant plus, enfin, aucun caractère qui puisse y faire supposer encore un reste de vie. L'examen des flocons qui se forment dans cette eau distillée, lorsque, par l'évaporation à une faible chaleur, elle se trouve réduite au douzième environ de son volume primitif, nous a montré le même état de la matière organique; seulement les fibrilles, ce canevas de cette matière, y étaient plus nombreuses, plus rapprochées, et les globules y étaient encore un peu plus altérés.

Ainsi, il résulte de ces diverses recherches que la matière organique latente que nous avons vue dans les eaux naturelles de Vichy, à l'aide du microscope, sous la forme de globules plus ou moins développés, et ayant tous les caractères qui peuvent faire supposer qu'ils sont doués de la vie, est très volatile, qu'elle est entraînée avec les vapeurs qui se dégagent de ces eaux, qu'elle entre dans leur composition, associée à une petite quantité d'iode et très probablement aussi de brome, et que ces vapeurs entraînent en même temps de l'acide carbonique et des quantités minimes d'acide sulfhydrique, de carbonate d'ammoniaque, de carbonate de soude, et vraisemblablement aussi d'autres sels alcalins et de la silice.

On voit aussi que cette matière organique, qui se trouve à l'état latent, et dans l'eau minérale naturelle, et dans l'eau distillée provenant des vapeurs condensées de cette eau naturelle, peut être mise en évidence par l'évaporation, à une faible chaleur, de cette eau distillée (1); mais qu'alors, bien qu'on ne la trouve plus, dans les flocons sous la forme desquels elle se montre par suite de cette évaporation, qu'à l'état de matière morte, elle s'y présente cependant avec toute l'apparence d'une certaine organisation qui donne assez bien aux fibrilles qui la constituent l'image de la charpente de la matière verte, lorsque cette dernière matière a déjà reçu un commencement d'organisation.

(1) On peut également mettre cette matière organique en évidence, en évaporant de la même manière de l'eau minérale naturelle ; mais, comme, par l'effet même de cette évaporation, il se forme, dans ce cas, au fond de la capsule qui contient l'eau à évaporer, une sorte de magma, produit par les éléments de l'eau devenus insolubles, la matière organique se trouve alors tellement mêlée à ce précipité, qu'il devient difficile de bien l'étudier.

En résumé, s'il était vrai, ainsi que les faits et les considérations qui précèdent me portent à le croire, que la matière verte des eaux prend naissance dans les globules de la matière latente, comme les végétations qui constituent la première matière varient suivant la nature des eaux où elles se produisent, ne serait-on pas fondé à croire que toutes les eaux ne contiennent pas la même matière organique, et ne pourrait-on pas en déduire que chaque eau minérale a en quelque sorte sa vie propre et qu'elle emprunte de sa matière organique des propriétés particulières?

Cette génération, aux rayons du soleil, de la matière verte par celle que l'eau tient en dissolution, mé semble, je le répète, très admissible et même très probable ; mais les phénomènes de germination qui précèdent l'apparition de la matière verte à la surface des bassins n'ayant pas encore été suivis dans toutes leurs phases, il est impossible de donner le fait comme démontré.

J'ajouterai pourtant une remarque qui semble montrer une certaine analogie entre la matière verte des eaux de Vichy et leur matière organique latente. Nous avons vu que, quand on conserve de la matière verte, avec un peu d'eau minérale, dans un flacon, jusqu'à ce qu'il s'y développe un certain degré de fermentation, l'eau minérale qui recouvre la matière verte nous offre une couleur verte par réfraction et rouge par réflexion ; et que Vauquelin, qui, le premier, a observé ce phénomène, dit que, dans l'examen chimique qu'il a fait de la matière verte, il y a reconnu trois variétés ou plutôt trois états différents de la même substance, avec des colorations, deux surtout, bien distinctement bleues et jaunes, et des réactions chimiques différentes. Nous avons vu ensuite que, lorsque M. Henry s'occupait de faire évaporer dans son laboratoire l'eau provenant de vapeurs conden- sées des eaux de Vichy, et d'étudier ce qui se passait dans cette expérience, le même phénomène s'est ma- nifesté dans les flocons de matière organique qui se sont formés par suite de cette évaporation. Or, cette production du même phénomène, et dans l'eau natu- relle de Vichy, quand elle contient de la matière verte et que la fermentation s'empare de cette matière, et dans les flocons de la matière organique latente, qui se forment pendant l'évaporation du liquide prove- nant de ses vapeurs condensées, n'autoriserait-elle pas à penser qu'il y a en effet une certaine analogie, quelque chose de commun entre ces deux matières?

Le rôle que joue la matière organique des eaux minérales dans leurs applications thérapeutiques a été très peu étudié jusqu'à présent, aussi nous est-il à peu près inconnu; cependant cette matière mérite- rait peut-être une plus grande attention de la part des praticiens et des chimistes. Dans l'état si parfait de dissolution où elle se trouve dans ces eaux, n'in- tervient-elle pas dans les combinaisons qu'y forment leurs éléments minéralisateurs, et chaque espèce d'eau minérale n'emprunte-t-elle pas à sa matière organique quelque chose de particulier qui ajoute à son action ou qui la modifie?

Vauquelin, après avoir fait l'examen chimique de la matière verte produite par les eaux de Vichy et en avoir reconnu la composition, avait déjà vraisembla- blement estimé que les éléments de cette matière en dissolution dans ces eaux ne devaient pas être sans influence dans l'action qu'elles exercent sur l'écono- mie, lorsqu'il nous a dit : « On conviendra sans doute » que des eaux minérales qui contiennent de pareilles » substances ne sont pas faciles à imiter, et quand » on entend dire qu'en ce genre l'art est l'émule par- » fait de la nature, on est tenté de rire de pitié. »

www.ingramcontent.com/pod-product-compliance
Lightning Source LLC
Chambersburg PA
CBHW070753210326
41520CB00016B/4682